U0234271

杨振宁——著　杨振玉 范世藩——译

杨振宁讲物理

基本粒子发现之旅

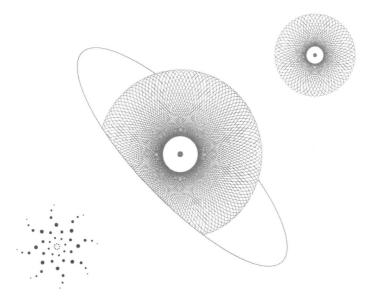

Chen Ning Yang

ELEMENTARY PARTICLES

A SHORT HISTORY OF SOME DISCOVERIES
IN ATOMIC PHYSICS

人民邮电出版社

北 京

图书在版编目（CIP）数据

杨振宁讲物理 ：基本粒子发现之旅 / 杨振宁著 ；杨振玉，范世藩译. -- 北京 ：人民邮电出版社，2025.

ISBN 978-7-115-65721-3

Ⅰ. O572.2

中国国家版本馆 CIP 数据核字第 2024FT7417 号

版权声明

◆ 著　　　　杨振宁
　　译　　　　杨振玉　范世藩
　　责任编辑　赵　轩
　　责任印制　胡　南

◆ 人民邮电出版社出版发行　　北京市丰台区成寿寺路11号

　　邮编　100164　　电子邮件　315@ptpress.com.cn

　　网址　https://www.ptpress.com.cn

　　文畅阁印刷有限公司印刷

◆ 开本：880×1230　1/32

　　印张：3　　　　　　　　　　2025 年 4 月第 1 版

　　字数：54千字　　　　　　　2025 年 4 月河北第 1 次印刷

　　　　著作权合同登记号　图字：01-2023-5692 号

定价：49.80元

读者服务热线： (010)84084456-6009　印装质量热线： (010)81055316

反盗版热线： (010)81055315

本书原来是用英文写的，书名为 *Elementary Particles: A Short History of Some Discoveries in Atomic Physics*，是杨振宁于 1959 年 11 月在美国普林斯顿大学（Princeton University）为凡纽兴讲座（Vanuxem Lectures）所作演讲的讲稿略加修节而成，并在 1962 年初由普林斯顿大学出版社出版。该演讲原来是专为大学中对科学感兴趣的听众而作的，因此虽然所牵涉的问题有不少是目前基本粒子物理学中最突出和最深奥的问题，但是并不要求读者具备高深的物理学知识。本书英文版问世后不久即有移译成俄文、德文和意大利文之洽议，而中文版则尚付阙如。为此，我与范世藩不揣谫陋，将其译出，以飨读者，尚祈不吝指正。

杨振玉

1962 年 11 月于上海

前　言

　　本书主要根据 1959 年 11 月我在普林斯顿大学为凡纽兴讲座所作演讲的讲稿略加修节而成。这些讲座是专为大学中对科学感兴趣的听众举办的。通过采用简单的词句来叙述在发现基本粒子的过程中所涉及的种种概念，我试图向听众大致描绘过去 60 年物理学家在探索物质结构方面的研究工作。当然，一个概念，特别是科学概念，除非在促使它形成和发展的知识基础上加以确切解释，否则便不会具有充分的意义。然而我希望像本书这样描述历史的书，即使不能对主题作充分的讨论，也可以稍稍传达出物理学家在探讨这种问题时所具有的精神和所处的氛围。

　　书中插图的来源可以在书末找到，其中图 39 的骑士图是埃舍尔（M. C. Escher）先生画的。我深深地感谢他允许我采用这张图。

　　我感谢我的妻子试读演讲词手稿，以便我能了解内容的难易程度和表达的清楚程度。她的许多建议看来是极其宝贵的。我还要感谢伊丽莎白·戈尔曼（Elizabeth Gorman）夫人在出版本书的各个方面所给予的十分得力的帮助。同时，我很感谢普林斯顿大学出版社的威尔逊（J. F. Wilson）先生在制作本书插图时所给予的帮助，特别是图 36 是按他的意见衍化而来的。

杨振宁

1961 年 6 月于普林斯顿大学

目　录

第 1 章

　　在 19 世纪末 20 世纪初，物理学明显进入了一个新时代的黎明时期。不仅经典力学和法拉第－麦克斯韦（Faraday-Maxwell）电磁理论的辉煌成就已经使经典的宏观物理学时代结束，而且各方面都出现了新的现象、新的疑难、新的激动和新的预见。阴极射线、光电效应、放射性、塞曼（Zeeman）效应、X 射线以及里德伯（Rydberg）的光谱谱线定律都是当时的新发现。当然，在那个时候还很难预测这个新时代究竟将包含些什么内容。除此之外，人们对于电可能具有的原子结构也进行过很多讨论。但是要知道，虽然在很久以前就已经有人设想关于物质原子结构的概念，但是这种设想不能被载入科学著作中去，因为除非有定量的实验证据，否则没有任何一种哲学性的讨论能够作为科学的真理来加以接受。比如晚至 1897 年，19 世纪后半叶物理学界中的一位大师开尔文勋爵（Lord Kelvin）仍旧写道 [1]：“电是一种连续、

---

① W. T. Kelvin. *Nature* LVI, 1897: 84.

均匀的液体"（而不认为它具有原子结构）的意见还值得加以谨慎考虑。

在同一年，汤姆孙（J. J. Thomson）完成了他的著名实验。在他测定了阴极射线的电荷量和质量的比值 e/m 以后，上述考虑就不再是必要的了。这里我必须给你看一下图 1 —— 这张庄严的半身像描绘的正是这位最先打开基本粒子物理学大门的伟人。这张图片是根据他的著作《回忆与思考》（*Recollections and Reflections*）中的图复制的。

图 2 展示了汤姆孙所使用的仪器。图 3 是该仪器的简图。从阴极 C 发出的阴极射线，穿过用来将阴极射线限制成为细束的狭缝 A 和 B，然后再穿过金属板 D 和 E 之间的空间，最后在管子右端带有标尺的屏上被加以观察。将金属板 D 和 E 充电，会引起细束向上或向下偏转。偏转的方向说明细束带负电荷。然后在金属板 D 和 E 之间，再用图 2 所示的线圈加上一个方向和书的平面垂直的磁场。可以观察到，磁场也使细束产生了向上或向下的偏转，而且和它带有负电荷时相符。通过平衡抵消由电场和磁场产生的偏转，就能够计算细束的速度。然后，从电场或磁场单独产生的偏转幅度，可以计算出细束组成部分的电荷量和质量的比值 e/m。

图　1

图　2

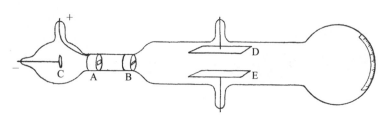

图　3

也许有人会问：为什么看起来这么简单的一个实验，以前竟然没有人做过？汤姆孙本人在后来所写的文章中回答了这个问题[①]：

> 我使一束阴极射线偏转的第一次尝试，是使它通过固定在放电管内的两片平行的金属板之间的空间，并且在金属板之间加上一个电场，结果没有产生任何持续的偏转。

然后他解释了他所猜想的困难的根源：

> 根据这种看法，偏转之所以没有出现，是因为有气体存在——气压太高——因此要解决的问题就是如何获得更高的真空度。这一点说起来比做起来容易得多。当时高真空技术还处于发轫阶段。

事实上，电磁波的发现者、物理学家赫兹（H. Hertz）以前也做过同样的实验[②]，并且错误地得出了这样的结论：阴极射线是不带电的。这段插曲清楚地表明了一个基本事实：技术的改进和实验科学的进展是相辅相成的。我们以后还会遇到这个基本真理的更多例证。

---

① J. J. Thomson. *Recollections and Reflections*. MacMillan, New York, 1937: 334.

② J. J. Thomson. *Philosophical Magazine*, Vol. 44, 1897: 293.

汤姆孙求得的阴极射线的荷质比，比在电解过程中测定的离子的相应数值要大得多，它们之间相差达几千倍。汤姆孙断定阴极射线是由质量比离子小得多的粒子所组成的，而且它带有负电荷。他称这种粒子为"微粒"，并称它所带的电荷——代表电荷的基本单位——为"电子"。不过，在后来人们所惯用的名词中，该粒子本身就被称为"电子"。这样便诞生了被人类所认识的第一种基本粒子。

几乎与此同时，汤姆孙和他的学生们在其他实验中也近似地测定了离子所带电荷 $+e$ 的数值。汤姆孙于是对原子结构这样一个基本问题进行了探讨，并且提出了如下的假设：一个原子包含 Z 个电子，每个电子带有电荷 $-e$，以平衡位置埋置在连续分布、总量为 $+Ze$ 的正电荷中，形成一个不带电的原子。原子的质量存在于分散的正电荷中。由于电子很轻，因此很容易受到扰乱。当受到扰乱时，电子就围绕着平衡位置振荡，并由此产生辐射。图 4 是汤姆孙于 1903 年在耶鲁大学做西列曼讲座（Silliman Lectures）时所画的一张包含 3 个电子的原子图。在假定正电荷呈均匀的球形分布后，汤姆孙计算了电子的振荡频率，并断定它们就是在光谱中所观察到的频率。利用这个方法，他得出了非常准确的结论：原子的半径约为 10^{-8} 厘米。

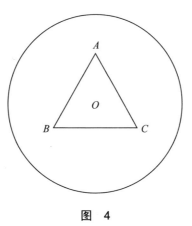

图　4

下一个主要的进展来自 1911 年卢瑟福勋爵（Lord Rutherford）对于 α 粒子穿过薄箔的研究。α 粒子是在天然放射现象中发现的，在 1911 年前后，人们就已经知道它是带有电荷 +2e、质量为氢原子 4 倍的粒子。汤姆孙在这之前指出，由于下列理由，α 粒子穿过他所假想的原子时的路径多半是一条直线：(i) 与电子相比，α 粒子的质量很大，因而将不受电子影响而产生偏转；(ii) 在原子中，正电荷具有分散分布的性质，因而它们对 α 粒子的影响也很微弱。因此，一个汤姆孙原子不能使 α 粒子产生大角度偏转。卢瑟福断定，由于薄箔很自然地包含许多原子，因此 α 粒子穿过薄箔后所产生的任何大角度偏转，将是许多同方向小角度偏转的统计巧合。和这一类统计涨落的通常情况一样，大角度偏转的偏转角的分布应遵循高斯误差曲线，并且偏转的均方根角应与 α 粒子和原子相遇次数的平方根，或与薄箔厚度的平方根成正比。卢瑟福指出，这两个结论都与当时已有的实验数据不符。因此，他又提出另外一种假设：原子中的正电荷集中在一个很小的区域中。事实上，从实验数据可以推断，这个区域的直径一定小于 10^{-12} 厘米。这就是著名的卢瑟福原子图像，它由一个带有电荷 +Ze 的小核和 Z 个围绕着核的电子所组成。一年之后，他的学生盖革（H. Geiger）和马斯登（E. Marsden）为这种原子图像给出了出色的实验证据。

卢瑟福的发现令当时的物理学家和化学家感到振奋。当时，汤姆孙正在剑桥大学的卡文迪什实验室（Cavendish Laboratory），而卢瑟福则在曼彻斯特大学。之后，玻尔（N. Bohr）于 1930 年在他的法拉第讲座（Faraday Lectures）中讲道 [1]：

> 对于每一个像我这样有幸在二十多年前访问过剑桥大学和曼彻斯特大学的物理实验室，并且在一些伟大的物理学家的启示下工作的人来说，几乎每天都亲眼看到前人所不知道的自然界事物被揭露，这是一种永远难忘的体验。我记得，1912 年春天在卢瑟福的学生中展开的，对于原子核的发现所展示的整个物理和化学科学前景的热烈讨论，犹如发生在昨天。首先我们意识到，原子的正电荷局限在实际上无限小的区域内，这将使物质性质的分类被大大地简化。事实上，这样我们就可能认识到在那些完全取决于原子核总电荷和质量的原子性质，与那些直接依赖于原子核内部结构的原子性质之间的深远区别。根据经验，放射性是后一类性质的典范，它与物理和化学条件无关。物质通常的物理和化学性

---

[1] N. Bohr. J. *Chem. Soce.*, Feb., 1932: 349.

质，主要取决于原子的电荷和质量，也取决于原子核周围的电子组态。原子对外界影响的反应就是由这种电子组态所决定的。此外，在一个孤立而不受外界影响的原子中，这种电子组态几乎全部由原子核的电荷所决定，和原子核的质量关系不大。与电子的质量相比，原子核的质量是如此巨大，以至于和电子的运动相比，作为一级近似，原子核的运动可以忽略不计。从带核的原子模型得出的这些简单推论，确实提供了对于下列事实的直接说明：两个原子量不同而且放射性质也截然不同的元素，可能在其他性质方面是如此相似，以至于不能通过化学方法将它们分离开来。

在同一讲座的较后部分，他又讲道：

总结这一情况，我们可以说，在涉及物质的一切普通性质的相互联系方面，卢瑟福的原子模型摆在我们面前的任务使我们追忆起哲学家古老的梦想：将对自然规律的解释还原为对纯粹的数的考虑。

也就是在这样一种充满着新的发现所引起的激动，以及期待更基本、更有普遍意义的发现来临的气氛中，玻尔提出了著名的氢原子理论。

卢瑟福和玻尔的工作给我们提供了图 5 所示的基本粒子图。图中，横轴代表电荷量，纵轴形象地代表粒子的质量（尺寸不按比例）。质子 p 是氢原子核。以 γ 标记的无质量的光子代表电磁辐射的量子，它有自己光辉的历史。普朗克（M. Planck）在研究黑体辐射理论的工作中，曾经得到一个和实验结果相符的经验公式。然而，这个公式和电磁辐射的经典概念相矛盾。为了解释这个经验公式，他在 1901 年大胆地假定了电磁辐射只能以某种单位或量子来释放或吸收。每个量子具有能量 $h\nu$，其中，ν 是辐射的频率，h 是普朗克所引入的一个普适常数，后来被称为普朗克常数。这个关于能量在物质和辐射场之间转换的量子化概念是如此富有革命性，以至于只能来自普朗克所特有的那种彻底和持续的研究工作。这个概念在 1905 年为爱因斯坦（A. Einstein）所接受，并加以讨论和具体发展。这对玻尔建立起他的原子理论起到了重要作用。

在 1913 年以后，物理学家付出了巨大的努力，特别是通过玻尔的对应原理，来求得对量子概念更为全面的了解，并且将原子的化学性质和量子结构联系起来。对于我们这些在事情已经弄清楚、量子力学已经最终建立后才受教育的人来讲，在量子力学问世之前的那些微妙的问题和大胆探索的精神，以及既充满希望又深陷绝望的情况，看来几乎像是奇迹一样。我们只能惊讶地揣

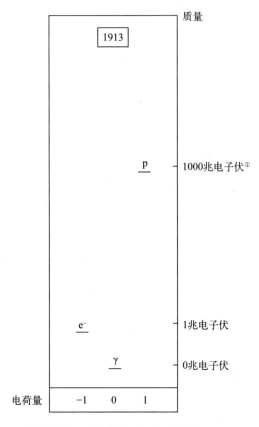

（质量只是形象地标明，尺寸不按比例）

图 5

① 电子伏特是一种能量单位，简称"电子伏"。——编者注

想，当时的物理学家必须依靠着明显不能自相一致的推理来得到正确的结论，那是怎样的一种状态。

正像我们大家都知道的那样，量子力学的发展在 1924 ~ 1927 年达到了顶点。在那几年中带有强烈戏剧性的历史，仍有待人们去叙述。让我在这里援引奥本海默（J. R. Oppenheimer）1953 年在他的莱斯讲座（Reith Lectures）中所讲的，之后又以《科学和常识》（*Science and the Common Understanding*）为标题出版的小册子中那两段美丽而动人的描述 [1]：

> 我们对原子物理的理解，即对所谓原子系统量子理论的理解，起源于 20 世纪初，而对它所作的辉煌的综合与分析则完成于 20 年代。那是一个值得歌颂的时代。它不是任何个人的功绩，而是包含了来自不同国家的许多科学家的共同努力。然而从一开始，玻尔那种充满着高度创造性、锐敏和带有批判性的精神，就始终指引、管束着事业的前进，使之深入，直到最后完成。那是一个在实验室里耐心工作的时期，是一个进行有决定性意义的实验和采取大胆行动的时期，也是一个带有许多错

---

[1] J. R. Oppenheimer. *Science and the Common Understanding*. Simon and Schuster, 1953.

误的开端和许多站不住脚的臆测的时期。那是一个包含着真挚的通信和匆忙的会议的时代，是一个辩论、批判和带有辉煌的数学成就的时代。

对于那些参与者，那是一个创造的时代。他们对事物的新认识既伴随着欣喜，也伴随着恐惧。这也许不会作为历史而被全面地记录下来。作为历史，它的再现将要求像记录俄狄浦斯（Oedipus）[①] 或克伦威尔（Cromwell）[②] 的故事那样崇高的艺术，然而这个工作的领域却和我们的日常经验相去甚远，因此很难想象它能为任何诗人或任何历史学家所知晓。

在这里不可能描述量子力学的原理，即使是非常概括性的。然而，为了便于理解我们之后讨论的内容，这里必须对量子力学的某个特殊方面加以介绍。普朗克、爱因斯坦和玻尔首先提出了辐射场量子概念的观点，而辐射场在经典物理学中一向被视为波。波的这种粒子性首先被密立根（R. A. Millikan）在 1916 年

[①] 俄狄浦斯：古希腊神话中底比斯（Thebes）王拉伊俄斯（Laius）和皇后伊俄卡斯忒（Jocasta）的儿子。他在出生后即被拉伊俄斯所丢弃而由柯林斯（Corinth）王收养，长大后杀死了拉伊俄斯并和伊俄卡斯忒结婚。数年以后，俄狄浦斯的家世被揭露，伊俄卡斯忒自缢而死，俄狄浦斯则挖出了自己的双目。

——译者注

[②] 克伦威尔（1599—1658）：17 世纪英国资产阶级革命的领袖。从 1653 年起自任"护国主"，掌握英国政权。——译者注

关于光电效应的实验所证实，之后在 1923 年又被康普顿（A. H. Compton）的发现所证实。康普顿发现，当 X 射线（它是电磁波）和电子碰撞时，前者在动量和能量的转换上的表现和粒子一样。这些代表 X 射线的粒子被称为光子（在图 5 中用 γ 表示）。实验证实，光子的波长 λ 和动量 p 能够满足它们的乘积等于普朗克常数 h 的条件。之后德布罗意（L. de Broglie）在 1924 年发表的文章中提出了这样的一个问题：如果波显示出粒子性，那么粒子是否也会显示出波动性呢？他假设应该会，而且假设正和光子的情况一样，与粒子相联系的波的波长是 h 除以动量。这种极为大胆的假设，使他提出了图 6 所示的电子在轨道中的图像。他认为，如果轨道周长不是波长的整数倍，如图 6 的左图所示，则波就不能发生谐振。然而情况如果如图 6 的右图所示，则波就会发生谐振，因此这种轨道代表被允许的轨道。按照这个途径，德布罗意利用富有启发性的方法，实际上获得了玻尔在 1913 年提出的量子条件。1926 年，薛定谔（E. Schrödinger）对这个方法加以探讨，得出了作为量子力学基础之一的著名的薛定谔方程。

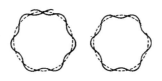

图 6

在量子力学中，粒子表现出波动性，它的波长和动量成反比。现在大家都知道，为了将波局限在空间内的一个小区域中，必须使用波长比这个区域的尺寸更小的波。因此为了探索越来越小的空间区域，我们必须用动量越来越大的粒子来使与粒子相联系的波长能够小到与所探索的空间区域相适应。表 1 解释了为什么我们要建造体积越来越大和能量越来越高的粒子加速器。关于这一点，以后我们还将进行讨论。

表 1

距　　离	动　　量 × c
10^{-8} 厘米	0.002　兆电子伏（原子现象）
10^{-12} 厘米	20　兆电子伏（原子核现象）
10^{-14} 厘米	2000　兆电子伏（～目前的限制）
10^{-16} 厘米	200 000　兆电子伏（将来？）

上面我们已经引用了玻尔在 1930 年作法拉第讲座时的讲稿。他描述了由于卢瑟福原子图像所引起的关于原子和分子的现象与原子核现象之间在概念方面的重要区别。随着量子力学的发展，人类对原子现象和分子现象的了解达到了一个定量、全面和深入的水平——这种了解无疑是人类历史上最伟大的一个科学成就。然而直到今天[①]，我们对于原子核还缺乏类似的了解。在很多意义

---

① 此处的"今天"是指 20 世纪 60 年代。——编者注

上，1930 年前后的那一段时期和 1900 年前后的那一段时期非常相似，后者是原子物理时代的黎明时期，而前者则是核物理时代的黎明时期。

在这个新时代中发现的第一种基本粒子是中子[①]。约里奥–居里（Joliot-Curie）夫妇用图 7 所示的装置，在 1932 年发现，在来自钋源的 α 粒子的轰击下，铍放射出穿透力很强的电中性粒子，它能够将放在计数管前面左边的含氢物质中的质子击出。我们会很自然地假定这种电中性粒子是光子。但是由于它没有质量，因此要将被观察到的质子击出，就需要具有惊人能量的光子。事实上，他们得出的结论是，光子要具有超过 50 兆电子伏[②] 的能量，这在当时看来是非常高的能量。当这些结果公布后，查德威克（J. Chadwick）立即在英国剑桥大学重复了同样的实验，并且证明穿透力很强的粒子不是无质量的，而是具有和质子相近的质量。实际上，早在 1920 年，卢瑟福就已经讨论过这种电中性粒子，而且把它称为"中子"。在 20 世纪 20 年代，虽然人们进行了许多次实验来寻找它，但是都没有获得任何结果。

---

① 如今我们知道，中子并非基本粒子。——编者注
② 1 兆电子伏代表将一个电荷上升到电压为 1 兆伏所需的能量。

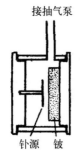
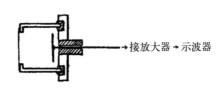

图 7

随着中子的发现，人们立刻就清楚地了解到绝大多数原子核是由数目几乎相等的中子和质子所组成的。对中子质量所做的更为精确的测量，显示出它比质子重得多。后来人们又认识到中子将因此而不稳定，应当以 β 辐射的形式，衰变为一个电子和一个质子，而这种 β 放射性现象约从 1900 年起就已经为人所知了。然而，β 衰变实验一般都表明，为了保持能量守恒，需要一种新的电中性粒子来带走多余的能量。这种新的粒子被费米（E. Fermi）称为"中微子"。因而，我们了解到中子的衰变过程是：

$$n \to p + e^- + v$$

其中，n 和 v 分别代表中子和中微子。

在 1932～1933 年这两年中，人们又发现了另外一种新的粒子——正电子。这个发现在利用了一种设计极端巧妙的被称为云室的仪器以后才成为可能。这种仪器是威尔逊（C. T. R. Wilson）所发明并且随后加以改进的。威尔逊这样描写了云室的由来[1]：

> 1894 年 9 月，我在苏格兰最高的山峰本尼维斯山（Ben Nevis）山顶的天文台住了几个星期。当太阳照耀在围绕着山顶的云层上时，出现的令人惊奇的光学现

––––––––––

[1] C. T. R. 威尔逊，诺贝尔奖，1927。

象，特别是太阳周围或山顶及观察者投在云雾上的影子周围的彩色光环，大大地激发了我的兴趣，并且促使我在实验室中去重现它们。

1895 年初，为了达到这一目的，我进行了一些实验——按照柯里尔（Couller）和艾特肯（Aitken）的方法，使湿空气膨胀以制造云雾。当时，我几乎立即就发现了某个现象，它看来比我想研究的光学现象更有趣。

"某个现象"导致了云室的产生。室中的带电粒子在湿空气中——通过突然的膨胀使之过饱和——留下一条由水滴组成的可见径迹。图 8 和图 9 显示了威尔逊曾用来拍摄很多美丽照片的云室。1932 年，美国加州理工学院的安德森（C. D. Anderson）利用类似的云室拍摄了图 10 所示的照片。一个带电粒子由画面底部进入。由于云室内有强磁场，因此它沿着弧形路径前进。在穿过 6 毫米厚的铅板以后，它的速度减慢了，因而路径的曲率增大。路径的上半部分（而不是下半部分）的曲率比较大这个事实证明粒子一定是由下而上运动的。知道了粒子的运动方向后，安德森就能够推断它所带的电荷是正的。根据穿过铅板以后的曲率改变的幅度，他进一步证明了这种粒子比质子要轻得多。安德森断定这种粒子具有和电子一样的质量，并称之为"正电子"。

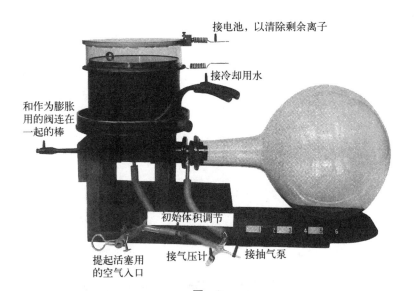

接电池，以清除剩余离子

接冷却用水

和作为膨胀用的阀连在一起的棒

初始体积调节

提起活塞用的空气入口

接气压计

接抽气泵

图 8

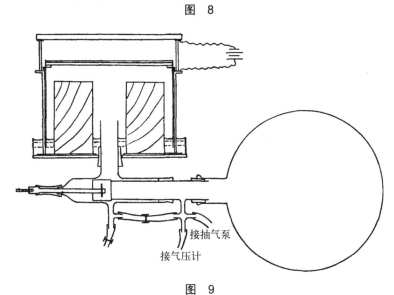

接抽气泵

接气压计

图 9

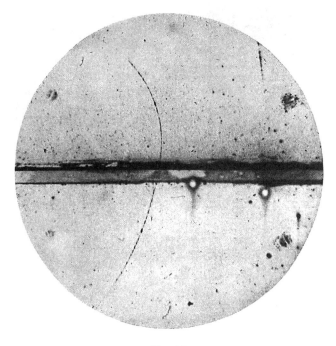

图 10

实际上，在 1930 ～ 1931 年就已经有人从理论上预言了正电子的存在。这种预言是基于狄拉克（P. A. M. Dirac）所提出的关于电子的出色理论，它导出了所谓在正反粒子共轭下的不变原理。该原理的一个推论是：每一种粒子一定具有一种电荷共轭粒子，即反粒子，它的质量和原来的粒子相同，电荷量相等而符号相反。安德森所发现的正电子是电子的反粒子。

如图 11 所示，在 1933 年，已知的基本粒子的种类已经大大增加。图中的 e⁻ 和 e⁺ 分别是电子和正电子。中微子 v 和反中微子 v̄ 互为电荷共轭粒子。在对一种粒子性质的逐步了解过程中，惯例有时会偶然地或有意地发生改变。今天我们通常所接受的被称为中微子的粒子，和费米首先加以讨论的那种粒子不同。我们现在将中子衰变时发射的电中性粒子称为反中微子：

$$n \rightarrow p + e^- + \bar{v}$$

光子 γ 的反粒子就是它自己。在图 11 的底部，电荷量下面的一行表示粒子内部的角动量或自旋。它们的单位是普朗克常数除以 2π。根据量子力学的原理可以直接推断，用这种单位所表示的角动量应当是 1/2 的倍数。实验结果与此完全符合。

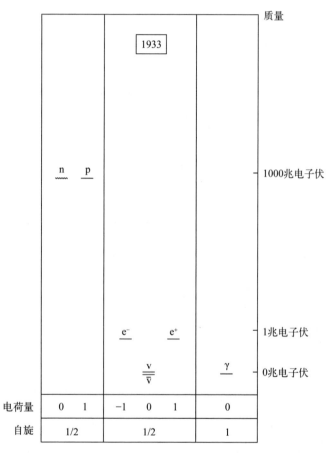

（质量只是形象地标明，尺寸不按比例）
不稳定粒子用波浪线标明

图 11

第 2 章

发现下一种基本粒子的故事是漫长而复杂的，它从 1935 年汤川秀树的建议开始：原子核中的质子和中子通过一定的媒介场结合在一起，其情况大致与原子核和电子在一个原子中通过电磁场结合在一起相类似。汤川指出，原子核的小体积意味着核力的短程性，而且正如我们在第 1 章中所讨论的那样，它和这个场带有的巨大的动量有关。现在，按照狭义相对论原理，场带有的平均动量大约是光速乘以与场相联系的量子的质量。因而根据原子核的大小，汤川估计这种质量约为电子质量的 200 倍。他于是认为[①]："由于在实验中从来没有找到过质量这样大的量子，因此上述理论看来是把我们引向一条错误的道路上去了。"汤川并不知道，恰恰在那个时候，安德森和内德梅耶（S. H. Neddermeyer）正在大规模地研究宇宙线中带电粒子穿透物质的能力。由于需要很长的一段时间才能够收集到足够的实验资料，因此进行这种研究

---

① 汤川秀树 . "Collected Papers from Osaka University" II, 1935: 52.

工作是极其困难的。不仅如此，进行这种实验也是困难的，因为在宇宙线中所观察到的现象，对物理学家来讲是全新的——探索现象的正确方向和基础还没有很好地建立起来。当新奇和意外的事件发生时——它们也确曾发生过——我们不清楚它们所牵涉的究竟是新的粒子和（或者）新的原理，还是旧的粒子和旧的原理在一个新的研究领域中所表现出来的新的、令人惊奇的行为。安德森和内德梅耶在这些困难面前不屈不挠地坚持了下来，并且在1934、1935和1936这3年中进行了非常细致的研究以后，断定宇宙线中存在新的带电粒子，其中有些带正电，有些则带负电。这些粒子的质量介于电子和质子之间，从而使人们很自然地断定它们即是汤川以前所预测的传递核力的粒子。它们最初被称为中间子（mesotron），之后又被称为介子。这个发现在物理学家中引起了颇大的轰动。我们可以在1938年玻尔写给密立根的一封信中清楚地看到这一点[1]：

> 发现这些粒子的过程，的确是最令人惊奇的。前一年春天我在帕萨迪纳（Pasadena）那些难忘的日子中，只是由于认识到安德森的工作所带来的重大影响——如果关于这些新粒子的证据确实是令人信服的——才在讨

---

[1] R. A. Millikan. *Electrons, Protons, Photons, Neutrons, Mesotrons and Cosmic Rays*. University of Chicago Press, 1947.

论过程的发言中保持了审慎的态度。现在，我不知道人们究竟是应当尽量地赞扬汤川的智慧和远见，还是应当赞扬你的研究所中的工作组在追索新结果的征兆方面所具有的那种不屈不挠的毅力。

这些新粒子诞生的阵痛并没有完全过去，因为对介子的质量进行多方面测定后所得出的结果彼此完全不同。图 12 展示的是到 1945 年为止已发表的有关介子质量的实验数据的总结，其单位是电子质量 m_e。平均值是 172 m_e，但是偏差是很大的。物理学家曾经尽了极大的努力来使质量测量得更为准确，并对数据进行了更为细致的理论分析。然而直到孔韦尔西（M. Conversi）、潘奇尼（E. Pancini）和皮乔尼（O. Piccioni）对宇宙线介子和原子核之间的相互作用进行了研究以后，他们才第一次得到了确凿的证据，说明其中包含着某些更为复杂的东西。他们在 1947 年所发表的实验结果，表明这种相互作用非常微弱。于是费米、特勒（E. Teller）和韦斯科普夫（V. F. Weisskopf）着重指出，由于这些粒子对原子核的作用是如此微弱，以至于不可能用来传递非常强的核力，因此其中一定存在着某些严重的错误。事实上他们曾经证明，宇宙线介子只能传递强度仅为核力的 $\frac{1}{10^{13}}$ 的力。这个巨大的差异导致了非常有趣的理论推测。特别是坂田昌一和井上健以及贝特（H. A. Bethe）和马沙克（R. E. Marshak）都提出，直

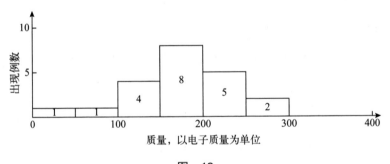

图 12

到那时为止所观察到的宇宙线介子并**不是**汤川的介子。后者也应当存在于宇宙线中，但是寿命太短，用当时已有的设备无法观察到。这一问题按下述途径最后终于获得了解决。

几乎同时，鲍威尔（C. F. Powell）和他在布里斯托尔（Bristol）的工作组，曾经开发了用感光乳剂探测带电粒子的技术。带电粒子在穿过乳剂的路径中产生离子，它们使乳剂在显影后呈现黑色晶粒。这些晶粒标记着带电粒子穿过乳剂的径迹。鲍威尔和他的协作者检查了宇宙线中的带电粒子在照相底版中留下的径迹。图 13 所示的是在显微镜下所看到的这种径迹的两张镶嵌图。我们看到，在每一张图中，杂乱晶粒的背景上有两条清晰、长的呈波状的径迹。根据沿着径迹的晶粒密度的变化率及粒子在穿过乳剂时由于散射而引起的径迹偏离直线的程度，便有可能获得不少有关这种粒子的资料。比如，当一个粒子的速度减慢时，它所引起的电离程度加剧，于是它的径迹的晶粒密度加大。因此，左边的镶嵌图可以这样来解释：一个粒子从左面靠近底部飞入，速度逐渐减慢，然后在靠近底部右下角的位置停止，衰变为一些不留下径迹的电中性粒子，以及一个向上运动的速度逐渐减慢，最后离开镶嵌图范围的带电粒子。另一张镶嵌图显示了一个非常相似的例子。这两个特殊的例子，实际上是鲍威尔工作组最早发表的被阻止介子产生次级介子径迹的例子。正如图中所标明的，他们

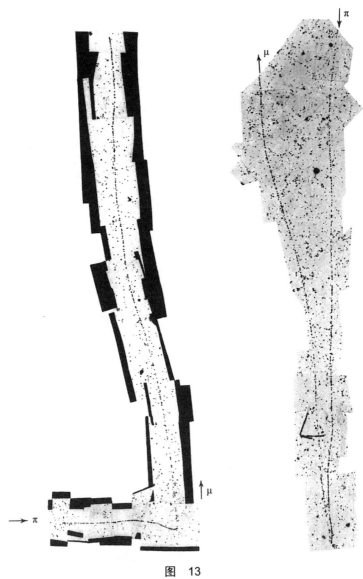

图 13

将初级介子和次级介子分别称为 π 介子和 μ 介子。之后又出现了更为灵敏的感光乳剂。人们发现 μ 介子如果在乳剂中被阻止，会产生很轻微的径迹（见图 14）。这些径迹被证实为电子所留下的。因而全部过程是：

$$\pi^+ \rightarrow \mu^+ + v$$
$$\mu^+ \rightarrow e^+ + v + \bar{v}$$

中微子和反中微子是中性的，不留下任何可见的径迹。它们在这些衰变过程中的位置，是从对衰变过程中的能量、动量和角动量的平衡进行仔细研究后推断出来的。带负电的 π 介子和 μ 介子以相似的方式衰变。同时，人们从这些详细的研究中获得了 π 介子和 μ 介子的质量。它们分别为电子质量的 273 倍和 207 倍。

由于发现了这两类介子，上述矛盾得以解决。π 介子被证实是汤川的介子，并作为核力的媒介物，而它的"女儿"——μ 介子——是被孔韦尔西、潘奇尼和皮乔尼所观察到的宇宙线介子。后者和原子核的相互作用并不强烈。

鲍威尔工作组出色和及时的工作，展示了这个出人意料的介子体系。它是我们上面提到过的事实的另一个例证——我们关于物理学知识的进展是被实验技术的发展和改进所促进的，而且往往只有在这样的基础上，这种进展才有可能。

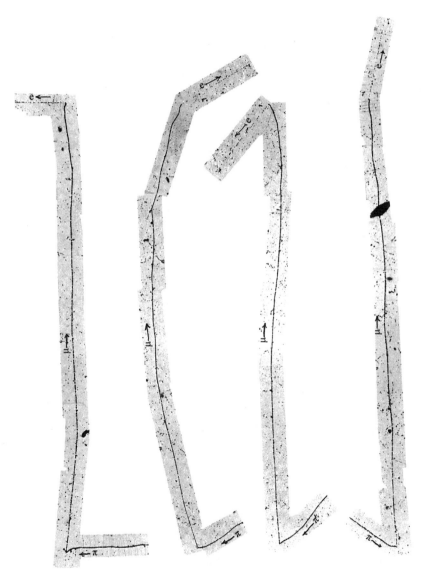

图 14

这样，我们在 1947 年得到了关于基本粒子的图解（见图 15）。图中新加入的粒子包括 π⁺、π⁻、μ⁺ 和 μ⁻ 这 4 种介子。同时，我们引入用圆圈来表示的粒子，虽然在实验中它们尚有待于被发现，但是它们的存在已为理论所预见。属于这一类的有不带电的 π⁰ 介子、反质子 p̄ 和反中子 n̄。当时已经确立的正反粒子共轭对称的那种概念，是通过纵向的虚线来表示的。在 3 个纵列的每一列中，粒子及其相应的反粒子，相对虚线来讲，互成镜像。π⁰ 和光子 γ 的反粒子就是它们自己。可以注意到，在图 15 的底部，我们引入了用 N 来标记的新的一行。数字的意义可以这样来解释：图中大部分的粒子有衰变成为较轻粒子的倾向。比如，π 介子是不稳定的，μ 介子是不稳定的，中子 n 和它的反粒子 n̄ 也是不稳定的。它们的衰变方式已在前面讨论过 [①]，不过从氢原子核的稳定性来看，显然质子 p 是不会衰变的。不稳定粒子在图中用波浪线标明。除了质子 p，稳定粒子有电子 e⁻、正电子 e⁺、中微子 ν、反中微子 ν̄ 和光子 γ。最后 3 种粒子的稳定性是很容易理解的：大家知道，质量是和能量相当的。为了使能量守恒，粒子只能衰变为比

---

① π⁻、μ⁻ 和 n̄ 的衰变产物是 π⁺、μ⁺ 和 n 的衰变产物的反粒子。

$$\pi^- \to \mu^- + \bar{\nu}$$
$$\mu^- \to e^- + \bar{\nu} + \nu$$
$$\bar{n} \to \bar{p} + e^- + \nu$$

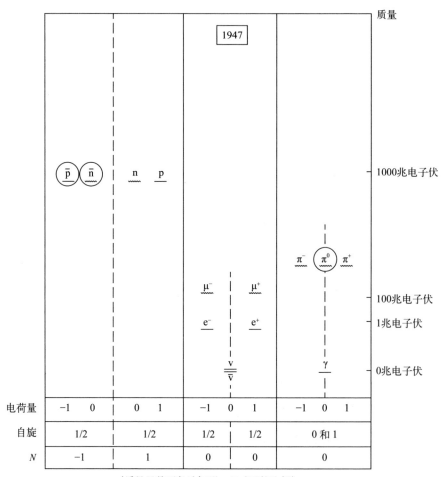

（质量只是形象地标明，尺寸不按比例）
不稳定粒子用波浪线标明。用圆圈表示的粒子是从理论上推测应该存在，
而当时在实验中还没有被发现的

图 15

它自己**更轻**的粒子，质量的亏损由衰变产物的动能来弥补。中微子 v、反中微子 v̄ 和光子 γ 是无质量的 [①]。由于没有粒子比它们更轻，也就没有它们可以衰变成的粒子。e^+ 的稳定性也有一个简单的理由：它们是最轻的带电粒子。由于在衰变过程中电荷既不增加，也不减少，因此它们受电荷的束缚而不能衰变。这样就只剩下质子 p 和反质子 p̄ 的稳定性还没有给予解释。举例来说，质子为什么不衰变成一个正电子和一个光子？

$$p \rightarrow e^+ + \gamma$$

物理学家现在还没有找到这个问题的答案。然而为了从表象上去描述稳定性，物理学家给每一种粒子指定了一个数目 N，它可和电荷相比拟。用这种方式来表示，一组粒子的 N 的总值，是质子 p 和中子 n 的总数减去反质子 p̄ 和反中子 n̄ 的总数。于是人们假定，在一个反应或衰变过程中，正如电荷守恒一样，N 也守恒。实际上，N 被称为"核子荷"（现在被称为"净重子数"）。这样，p 和 p̄ 的稳定性就与 e^+ 的稳定性相仿：p 和 p̄ 是带有不能消失的核子荷的最轻粒子。它们受核子荷的束缚，因而不能衰变。

---

① 现在我们知道，中微子是有质量的。日本科学家梶田隆章和加拿大科学家阿瑟·麦克唐纳分别领导团队发现了中微子振荡现象，从而证明了中微子具有质量。梶田隆章和阿瑟·麦克唐纳因此被授予 2015 年诺贝尔物理学奖。

——编者注

如图 15 所示，1947 年的情况并不太复杂。当时大家对中子、质子、电子和光子已很熟悉。π 介子已有"理由"作为传递核力的媒介物存在。再加上反粒子的概念，在这张图中，只有 μ 介子和中微子是人们没有预料到的基本粒子。

不过这种比较简单的情况并没有维持多久。实际上正是在 1947 年，从穿透力强的宇宙线簇射粒子的大量云室照片中，曼彻斯特大学的罗切斯特（G. D. Rochester）和巴特勒（C. C. Butler）获得了两张照片，如图 16 所示。在图 16 的左图中，他们判定径迹 a 和 b 是质量约为电子质量 1000 倍的一个电中性粒子衰变的产物。这种粒子的质量和所有当时已知的粒子的质量都不同。同时，他们获得了图 16 的右图所示的图像。据此，他们肯定，图中的折曲径迹表示质量约为电子质量 1000 倍的带电粒子衰变为一个电中性粒子和一个次级带电粒子。两年以后，在 1949 年，鲍威尔和他的协作者利用新的感光乳剂技术，得到了图 17 所示的宇宙线粒子的照片。他们的鉴定结果是，一个粒子 k 在 A 处停止，然后衰变为 3 个 π 介子：Aa、Ab 和 AB。它们之中的最后一个在 B 处引起了一个原子核衰变。衰变的方式和初级粒子 k 的质量都与当时已知的任何粒子不相符。鲍威尔和他的工作组将这种新发现的粒子称为 τ 介子。

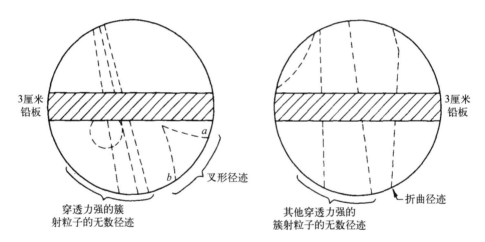

图　16

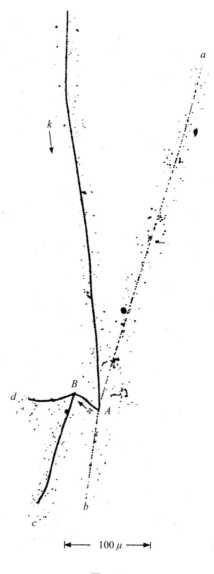

图 17

图 16 和图 17 使我们第一次看到了由许多新粒子所构成的完全出人意料的复杂图样。正是因为它们是出人意料的，所以被总称为"奇异粒子"。奇异粒子是在能量超过 1000 兆电子伏的碰撞中产生的。在 1948 ～ 1953 年，这样高的能量只有从宇宙线中才能够得到，于是许多研究人员致力于研究宇宙线中是否存在新奇异粒子的问题。然而宇宙线并非一种可控的高能粒子源，而且在任何体积适当的仪器中，高能宇宙线粒子出现的频率都是很低的。幸运的是，由于高能加速器制造技术和工艺的飞速发展，在当时建造千兆电子伏级的加速器，已经是切实可行的了。当第一台被称为高能同步稳相加速器（Cosmotron）的机器于 1953 年在位于美国长岛的布鲁克海文国家实验室（Brookhaven National Laboratory）投入使用时，在实验室内按预定计划产生奇异粒子的设想走进现实。

结合利用宇宙线和加速器所产生的现象被证实、命名并且研究过的粒子，再加上那些以前已经知道的粒子，已经达到了 30 种（截至 1961 年），它们被列在图 18 中。

粒子有 3 个主要的族系：重子和反重子组成第一族系，轻子和反轻子组成第二族系，玻色子组成第三族系。在每一族系中，粒子和反粒子所占据的位置，相对于纵向的虚线来讲，互成镜像。

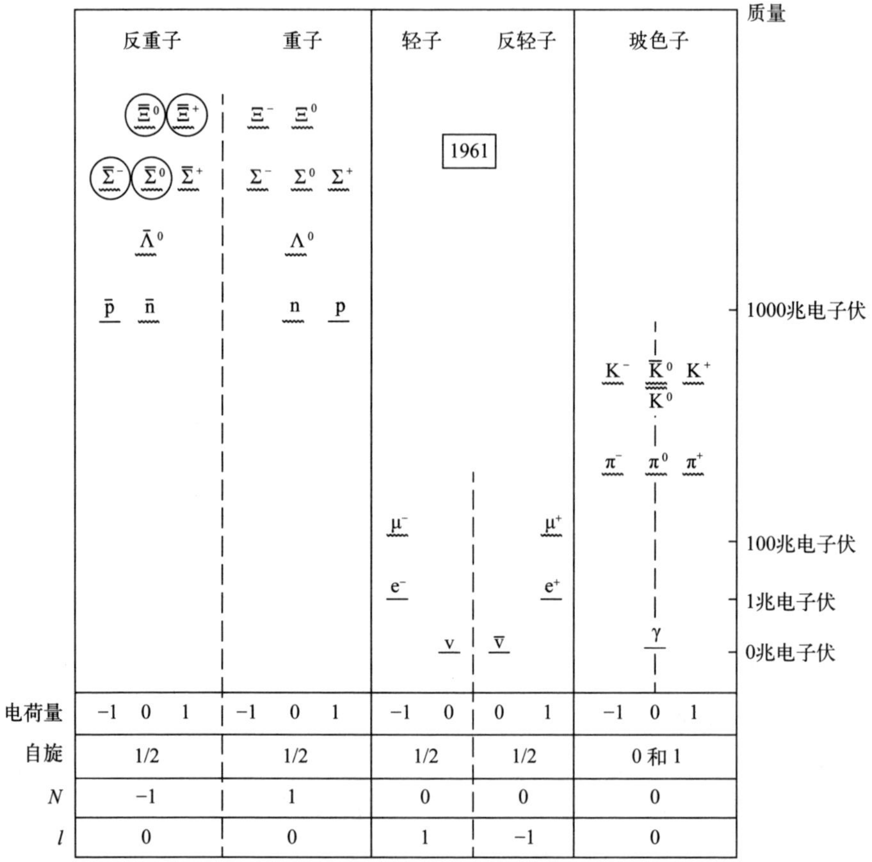

	反重子	重子	轻子	反轻子	玻色子	质量

（质量只是形象地标明，尺寸不按比例）
不稳定粒子用波浪线标明。用圆圈表示的粒子是从理论上推测应该存在，
而当时在实验中还没有被发现的[①]

图 18

---

① Ξ⁺、Σ̄⁻ 和 Σ̄⁰ 已在 1961 年相继被发现。——译者注

图中纵轴代表粒子的质量，质量为零的基线位于 v、v̄ 和 γ 所处的水平。横轴的第一行代表粒子的电荷量。用圆圈表示的粒子代表那些当时在实验中还没有被发现，但是已经预见应该存在的粒子。

图 18 引入了用 l 标记的新行，它代表过去十年（以写作本书时算）中发展起来的一种概念，称为轻子数。在一个反应或衰变过程中，l 的总值是守恒的，正如总电荷量和总核子荷（净重子数）N 都是守恒的一样。我们可以用中子衰变作为 l 守恒的一个例子：

$$n \rightarrow p + e^- + \bar{v}$$

式中，l 在衰变过程的前后都等于零。

作为一个相当惊人的事件的例子，让我们来看一下图 19。它是一张充以氢气的气泡室的照片，反质子 p̄ 从下向上穿过气泡室。我们将在后文中讨论气泡室的原理。为了满足目前的要求，我们只需要假定它很像云室。对这张照片的解释是以对径迹曲率的测量为依据的，由它可以定量地检查能量和动量的平衡情况。图 19 中右上方的小图是对此照片所作的解释。在图中我们可以看到下面一些事件：

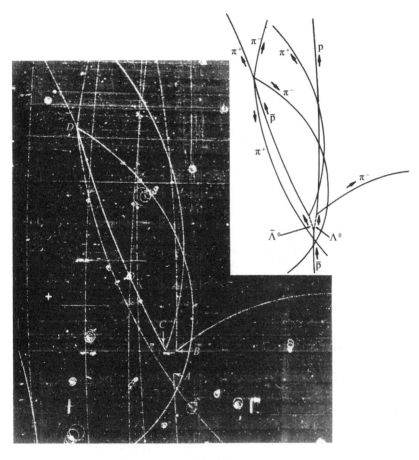

图 19

❑ 在 A 处，$\overline{p} + p \rightarrow \Lambda^0 + \overline{\Lambda}^0$（$\overline{p}$ 和室中的一个氢原子核碰撞）；

❑ 在 B 处，$\Lambda^0 \rightarrow \pi^- + p$（衰变）；

❑ 在 C 处，$\overline{\Lambda}^0 \rightarrow \pi^+ + \overline{p}$（衰变）；

❑ 在 D 处，$\overline{p} + p \rightarrow \pi^+ + \pi^+ + \pi^- + \pi^-$（从 $\overline{\Lambda}^0$ 衰变产生的 $\overline{p}$ 和室中的一个氢原子核碰撞）。

我们很容易详尽地证实，在每一个反应和衰变过程中，N 的总数、l 的总数和总电荷量都分别守恒。

这里应该提一下基本粒子的命名。当一种粒子第一次被发现时，研究一般是很困难的，而且有关它的资料通常很少。为了标记新发现的粒子，我们赋予它们特定的名称，但是往往后来发现不同的几种粒子使用了同一个名称，或者同一种粒子在不同的实验中以不同的形式出现，因而获得了多个名称。在对粒子进行研究时，我们所做的相当大的一部分工作是追索到它们，给它们定名——也可以说将它们分类。图 18 所列的名称是现在为大家所接受的。鲍威尔和他的工作组于 1949 年发现的 τ 介子现在被称为 K 介子。在第 3 章中，我们会再次提到它。

π 介子和 μ 介子常常被分别简称为 π 子（pion）和 μ 子（muon）。近来我们也看到有人用 K 子（kaon）这个简称来代替 K 介子。我唯恐将来还会看到 λ 子（lambdaon）和 Σ 子（sigmaon）这样的名称。

在我们讨论过去 12 年（以写作本书时算），在对这些粒子进行的研究工作中所出现的复杂性和迷惑以及希望和挫折以前，简单地讨论一下实验设备也许是适当的，首先是关于用高能加速器产生粒子的问题。高能加速器是在研究核物理的兴趣开始高涨的时候（1932 ～ 1933 年）开始发展的。值得惊奇的是，在那两年之内，第一台范德格拉夫（Van de Graaff）加速器、第一台高压倍加器和第一台回旋加速器已在形成。为了将粒子加速以达到几兆电子伏，这些装置虽然比较简朴，却是巧妙的。它们为建造今天的巨型加速器铺平了道路。

前面已经提到，为了研究更小的空间区域，需要使用高能加速器。也许有人会问：为什么高能加速器的体积必须很大？答案很简单：为了使粒子加速到越来越高的能量，我们必须用越来越长的时间去推动它。在这段更长的时间内，粒子将通过更长的距离。如果我们试图用一种装置将这段距离局限在一小块空间区域内，使粒子在加速过程中保持在一条"跑道"内，则"跑道"就必须很长，因为要使一个高能粒子的轨道弯曲是很困难的。更进一步，粒子的能量越高，则轨道越不易弯曲。因此，当我们企图研究越来越小的空间区域时，必须使用体积越来越大的加速器。

　　图 20 所示为美国布鲁克海文国家实验室高能同步稳相加速器的一瞥，它能够将粒子加速到 3000 兆电子伏。质子从加速器后方、图中中央部分横放着的圆柱形范德格拉夫加速器注入环状加速器中，它们在加速器中运行约一秒，周期性地接受向前的推力，从而加速到 3000 兆电子伏，然后被打在加速器内的一个靶上。碰撞产物用来打在次级靶上，或者用各种探测器直接对其加以研究。

　　图 21 所示为从空中拍摄的美国布鲁克海文国家实验室的另一台 30 千兆电子伏加速器的照片。这是在几年前（以写作本书时算）拍摄的，图中显示出为了配置大型"跑道"而挖掘的痕迹和位于 A 处的注射站及位于 B 处的实验区。这台加速器是在 1960 年夏天建成的。在那半年以前，一台几乎相同的加速器在瑞士日内瓦已经开始运转。除了这些加速器，还有 3 台千兆电子伏级的加速器正在运转，分别是伯克利（Berkeley）的 6 千兆电子伏加速器、在莫斯科近郊的 10 千兆电子伏的杜布纳（Dubna）加速器和巴黎近郊的 3 千兆电子伏的萨克雷（Saclay）加速器。此外，一台高强度的 3 千兆电子伏加速器正在普林斯顿建造，估计将在一两年内完成[1]。

---

[1] 普林斯顿－宾夕法尼亚加速器于 1962 年投入运转。——编者注

图 20

图 21

当加速器的体积变得越来越大，成本变得越来越高的时候，人们不禁会问，它们将发展到何种程度为止。图22展示了在过去不同时期的加速器所达到的最大能量。至于加速器将来如何发展，只能留待今后去探讨了。

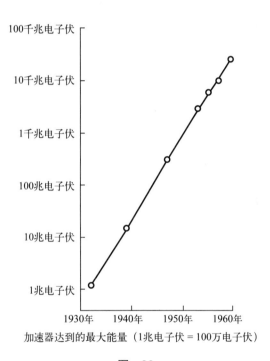

加速器达到的最大能量（1兆电子伏＝100万电子伏）

图 22

其次，我们来考虑一下探测器，它们是记录和分析由高能粒子所产生的现象的仪器。表 2 列出了目前所应用的 3 种主要的探测器类型。前面我们已经看到了从感光乳剂和云室所获得的照片是怎样的。反质子和反 Λ 介子的照片（图 19）是用一个气泡室拍摄的。查德威克用来发现中子的仪器包括一个属于下列第一种探测器的计数器。

表　2

I.	电离室、盖革计数器、闪烁计数器、切连科夫（Cerenkov）计数器等
II.	云室、扩散室、气泡室
III.	感光乳剂

新的探测器正在不断发展，而且正如我们在前面已经着重指出的，这些进展推动着基本粒子研究领域内的新发现和新理解，并使之成为可能。然而，和加速器一样，近来探测器的体积也变得越来越大，成本越来越高。举例来说，图 23 所示的即为建立在伯克利的一个大气泡室的控制室。相比于查德威克所用的简单的探测器，它给人一种错综复杂的感觉，让人一方面对于技术的进步感到钦佩，另一方面对于仪器的复杂程度和体积的迅速增长感到疑惑。

图　23

体积庞大的加速器和探测器当然需要许多工作人员来看管，因而我们会看到类似图 24 所示的一篇论文由许多作者共同合作的现象。

向庞大的体积发展的这种必然趋势是不幸的，因为它阻碍了自由的和个人的创造，并使研究工作变得不够亲切、不够生动和不易于掌握。但是它必须作为生活中的现实来加以接受。让我们通过下面一个认识鼓起勇气：尽管加速器和探测器的体积（当然还有实验本身的规模）是如此庞大，但它们依旧建立在一直使研究工作具有刺激性和启发性的那些同样简单、同样亲切和可以掌握的观念上。关于这一点，气泡室本身就是一个很好的例证。图 23 所示的控制室的复杂程度，只能反映出它现在所达到的那种庞大的程度。气泡室的原理和威尔逊云室的原理相似。让液体过热，使它随时都能沸腾，于是沿着带电粒子经过的路径而产生的电离促使气泡形成。图 25 所示为格拉泽（D. A. Glaser）拍摄第一张由一连串气泡构成的宇宙线 μ 介子的径迹照片时所使用的小室，它只有几厘米长。据说格拉泽第一次获得关于这种小室的概念，是在他观察啤酒瓶上的一些粗糙点产生气泡时得到的启发。即使这种逸事可能并不真实，但依旧可以用来说明我们的论点。

宇宙线产生重介子衰变的质量和方式
（G–Stack合作项目）

J. H. DAVIES, D. EVANS, P E. FRANCOIS, M. W. FRIEDLANDER, R. HILLIER,
P. IREDALE, D KEEFE, M. G. K. MENON, D. H. PERKINS and C. F. POWELL
H. H Wills Physical Laboratory Bristol (Br)

J. BOGGILD, N BRENE, P. H. FOWLER, J. HOOPER, W. C. G. ORTEL
and M. SCHARFF
Institut för Teoretisk Fysik Købenkavn (Ko)

L CRANE, R. H. W. JOHNSTON and C O'CEALLAIGH
Institute for Advanced Studies · Dublin (DuAS)

F. ANDERSON, G LAWLOR and T E NEVIN
University College - Dublin (DuUC)

G. ALVIAL, A. BONETTI, M. DI CORATO, C. DILWORTH, R. LEVI SETTI,
A. MILONE (+), G OCCHIALINI (*), L. SCARSI and G TOMASINI (+)
(+) Istituto di Finca dell'Università Genova
Istituto di Scienze Fisiche dell'Università Milano (GeMi)
Istituto Nazionale di Finca Nucleare · Sezione di Milano
(*) and of Laboratoire de Physique Nucléaire . Unive vité Libre · Bruxelles

M CECCARELLI, M. GRILLI, M. MERLIN, G SALANDIN and B SECHI
Istituto di Finca dell'Università Padova
Istituto Nazionale di Fisica Nucleare . Sezione di Padova (Pd)

(ricevuto il 2 Ottobre 1955)

图 24

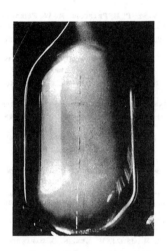

图　25

第 3 章

　　在各个实验室中进行的研究工作，提供了许多关于基本粒子的有趣资料，我们在此将对其中的一些加以描述。在所有的研究领域中，当一个人努力去解决一些问题，而这些问题利用他以往的经验无法得到解决时，问题的症结所在常常是模糊不清的。要进一步向前推进，当然需要才能和熟练的技术，但更重要的是，要有独到的见解和判断力，而这只能源于对已有知识的信任和共识，以及对探索新知识的坚持和果敢。这些是不容易达到的——当然，我们也不应该期望会容易达到。在一篇为庆祝爱因斯坦 70 岁生日而写的文章中，弗兰克（P. Frank）提到有一天他向爱因斯坦谈及一位物理学家，因为坚持去解决一些非常困难的问题，而在研究工作中取得的成就很小。这位物理学家进行了深入的分析，而结果只是发现了越来越多的困难，因而他的大多数同事对他的评价不高。听了弗兰克所讲的，当时爱因斯坦回应道：

我尊敬这种人。我不能容忍这样的一种科学家，他拿起一块木板来，找到最薄的地方，然后在容易钻孔的地方钻许多孔。

自然，在新的研究领域中不屈不挠地坚持下去，往往只会发现更多的困难，甚至会进入一条死胡同。然而，让我们来看一下这些死胡同中的一条，也就是汤姆孙关于原子的概念。现在我们可以用经过许多年后才能有的冷静态度来审视它。在发现电子以后，汤姆孙提出了图 26 所示的原子图。电子停留在平衡位置 A、B 和 C。当受到扰动以后，它们就围绕着这些点振荡。根据测量 X 射线被不同物质散射的结果，他计算了不同化学元素中每一个原子所含的电子数，得到了非常正确的结论。汤姆孙认识到，原子的电子结构为解释元素的化学性质提供了极为重要的可能性。然后他问道：具有 1 个电子、2 个电子、3 个电子或更多个电子的原子结构将是怎样的呢？图 26 所示即代表 3 个电子埋置在一个均匀的、带正电荷的圆球中的情况。在具有 4 个电子的例子中，我们单凭直觉就可以很清楚地知道，电子的平衡位置形成正四面体的 4 个角。不过当我们考虑带有更多电子的原子时，寻找电子平衡位置的数学问题虽然很明确，却很难解决。汤姆孙因而求助于下述实验装置，机械地模拟他所提出的原子结构。他用了一些

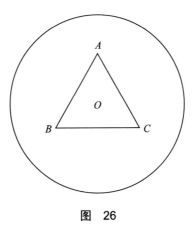

图　26

插在软木塞上的长磁针，像图 27 所示的那样，让它们浮在水面上，并使磁针的磁极相互平行。这样一来，它们之间的力是相互排斥的，而且事实上和电子在一个原子中的相互排斥一样，其大小和距离的平方成反比。为了人为地产生原子中那种将电子保持在平衡位置、均匀的正电荷的影响，他应用了一个高悬在水面上的电磁铁所产生的磁场。很容易证明，由于电磁铁的作用，任何一根磁针所受的磁力的水平分量大致和磁针到电磁铁在水面的投影之间的距离成正比。在汤姆孙的原子模型中，由均匀分布的正电荷作用在电子上的力的情况也是这样的。因此，漂浮在水面上的磁针的平衡位置的排列，将是二维空间的汤姆孙原子模型中电子组态的近似解。图 28 所示为汤姆孙所获得的排列图。从图中我们可以看到在磁针数较多时的有趣排列，它们形成几个环。图 29 所示为汤姆孙提出的每一个环中的磁针的数目表。他很自然地想到将这张表和当时已知的周期表进行比较。汤姆孙和他的学生对这种排列方式和埋置在平衡位置中的电子的振荡频率进行了一系列研究。今天我们才知道，这些努力的方向是错误的。但是我们也知道，这些努力并非徒劳：如我们在以前已经讨论过的那样，正是有了这些努力，最后才产生了卢瑟福提出的关于原子的正确概念。

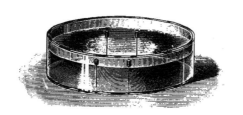

图　27

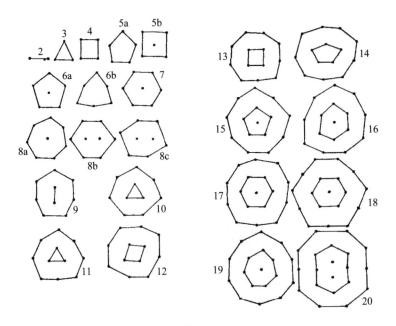

图 28

1	2	3	4	5
1.5	2.6	3.7	4.8	5.9
1.6	2.7	3.8	4.9	—
1.7	—	—	—	—
1.5.9	2.7.10	3.7.10	4.8.12	5.9.12
1.6.9	2.8.10	3.7.11	4.8.13	5.9.13
1.6.10	2.7.11	3.8.10	4.9.12	—
1.6.11	—	3.8.11	4.9.13	—
—	—	3.8.12	—	—
—	—	3.8.13	—	—
1.5.9.12	2.7.10.15	3.7.12.13	4.9.13.14	—
1.5.9.13	2.7.12.14	3.7.12.14	4.9.13.15	—
1.6.9.12	—	3.7.13.14	4.9.14.15	—
1.6.10.12	—	3.7.13.15	—	—
1.6.10.13	—	—	—	—
1.6.11.12	—	—	—	—
1.6.11.13	—	—	—	—
1.6.11.14	—	—	—	—
1.6.11.15	—	—	—	—

图 29

现在让我们来详细说明一下过去十年（以写作本书时算）有关基本粒子的研究中存在的 4 个问题。第 1 个问题牵涉人们在 1951 ～ 1952 年从实验资料中提出的疑问。当时研究人员发现在高能粒子相互碰撞的过程中会产生为数极多的奇异粒子。既然这些粒子的大小或范围的数量级是 10^{-13} 厘米，粒子相互接近的速度的数量级和光速相同，即约为 3×10^{10} 厘米 / 秒，那么碰撞时间的数量级显然是 10^{-23} 秒。因此从很多意义上讲，10^{-23} 秒便是这些现象的时间尺度的单位。当时人们也已经知道，奇异粒子是不稳定的，并且会衰变为许多不同种类的粒子。在这些粒子中，每一种粒子的平均寿命可以用许多方法来测量。作为一个例子，图 30 表明在 A 处有一个 Λ 粒子产生。它是一个电中性粒子，因而在小室中并没有留下任何可见的径迹，而只有当它在 B 处衰变成一个质子和一个 π^- 介子时，我们才知道它的存在。Λ 粒子的产生点和消逝点之间的距离很容易加以测定，其速度可以根据衰变产物的速度来推断，而后者可以用它们留下的径迹的曲率来测定。根据 A、B 之间的距离和粒子的速度可以初步求出这个 Λ 粒子的寿命。取大量测定结果的平均值，所获得的 Λ 粒子的平均寿命是 10^{-10} 秒的几倍。从人的角度来看，这个粒子的寿命非常短，但是从上面所提到的 10^{-23} 秒的时间尺度来看，它的寿命长得惊人。后文的表 4 列出了不同粒子的平均寿命和衰变产物。

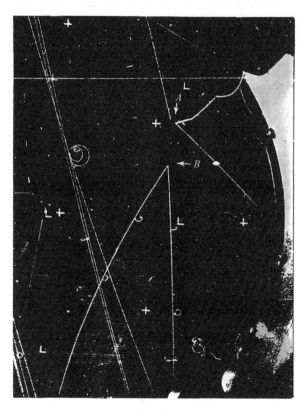

图 30

奇异粒子在数量级约为 10^{-23} 秒的时间内产生，而约在 10^{-10} 秒内衰变，后者是原子核时间尺度的 10^{13} 倍。换言之，产生过程的强度是衰变过程的 10^{13} 倍。由于这两种过程所牵涉的粒子看来是类似的，因此很难理解为什么它们在时间或强度上的差别会如此巨大。

这个疑问随着派斯（A. Pais）和南部阳一郎的建议而得以消除。他们提出**奇异粒子是成群产生的**。在这种情况下，它们相互之间，以及它们和在这个过程中所牵涉的其他粒子之间会发生**强烈的相互作用**。当它们单独出现时，比如在衰变过程中，它们之间的相互作用是**微弱**的。"缔合产生"（associated production）过程这个概念之后得到了细致的实验证实。图 31 展示了在实验室中第一次观察到的奇异粒子的缔合产生过程。它显示了以下列次序发生的事件：进入的 π^- 介子留下径迹 AB，和小室中的一个质子在 B 处碰撞，产生一个 K^0 介子和一个 Λ，两者都是奇异粒子：

$$\pi^- + p \to K^0 + \Lambda \quad （强过程）$$

K^0 介子和 Λ 之后分别在 C 处和 D 处衰变：

$$K^0 \to \pi^+ + \pi^- \quad （弱过程）$$
$$\Lambda \to \pi^- + p \quad （弱过程）$$

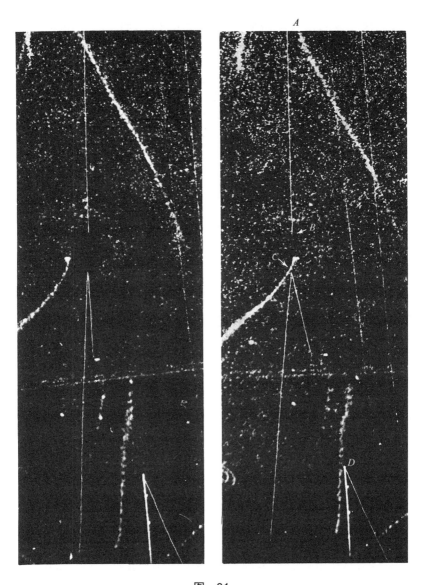

图 31

我们现在来讨论第 2 个问题：相互作用的强度的分类。我们已经
看到，奇异粒子的缔合产生过程来自强相互作用，而奇异粒子的
衰变来自弱相互作用。这样把相互作用分为强相互作用和弱相互
作用是在 1948 ～ 1949 年间首先讨论过的，而我们现在已经知道，
它适用于所有已测量过的相互作用，其结果如表 3 所示。

表 3

相互作用类型	强 度
1. 强相互作用（原子核相互作用）	1
2. 电磁相互作用	10^{-2}
3. 弱相互作用（衰变相互作用）	10^{-13}
4. 引力相互作用	10^{-38}

在这张表中，强相互作用包括那些引起奇异粒子缔合的相互
作用，代表那些在原子核中将粒子结合在一起的相互作用，以及
π 介子间的各种相互作用，举例如下：

$$p+p \rightarrow \pi^+ +p+n$$

表 3 中的第 3 类包括引起表 4 所列举的衰变的相互作用。第 1 类
和第 3 类的强度比值是如上所述的 10^{13}，并在"强度"一栏中标
明。在描述 π → μ 衰变过程的发现时，我们提到在这个发现以前，
存在着高达 10^{13} 倍的巨大差异。它正与强相互作用和弱相互作
用的差异相同：π 介子与原子核发生强相互作用；而在孔韦尔西、

潘奇尼和皮乔尼的实验中，μ 介子则与原子核发生弱相互作用。

表 3 中的另外两类是我们比较熟悉的相互作用。通过法拉第和麦克斯韦的理论，电磁相互作用是在所有相互作用中我们了解得最为清楚的一类。引力相互作用虽然在研究如太阳和地球这样的大质量天体时是重要的，但是正如表 3 中"强度"一栏所表明的，基本粒子之间的引力非常微弱。出于这个原因，直至今天，引力相互作用在研究基本粒子时都是不予考虑的。不过，仍有少数物理学家怀疑，最终必然要把它考虑在内，以便提供关于相互作用的统一图像。

必须强调，这里所描述的相互作用的分类，给我们指出了研究基本粒子的一个重要方向，它使我们能够清楚地分辨出 4 类相互作用中任何一类的复杂表现。这种显著区别的根源，特别是许多不相关联的弱相互作用的强度大致相等的根源，是一个深奥和困难的问题，现在还没有获得解决。

第 3 个问题涉及被称为同位旋对称的现象。在没有详细解释同位旋对称的情况下，让我们再看一下图 18 所列出的基本粒子。注意，当粒子"成组"或成群地出现时，它们的电荷量虽然不同，但是质量几乎相同。最早的例子是包含中子和质子的一组。除了电荷量不同，中子和质子是彼此相似的。我们从原子核倾向于带有相同数量的中子和质子的现象中可以推测出这一点。这一点在 20 世纪 30 年代早期曾被观察到和讨论过，而且随着时间的消逝，它得到了越来越多的实验支持。在一个实验中，研究者观察到新发现的粒子也是成组出现的。找出这种对称现象背后更深层次的原因是另一个引人注目甚至诱人的问题。到目前为止，人们对它所作的一切努力都没有收到任何成果。

1953 年前后，盖尔曼（M. Gell-Mann）和西岛和彦各自独立地指出，缔合产生过程和同位旋对称现象是相互关联的。他们观察到，一组奇异粒子的电荷中心可以从非奇异粒子中移开，比如，Λ 可以从中子－质子组向左移动半个电荷单位。因而一个称为奇异数的新的量被引入，它的值是位移量的两倍。表 4 也列出了基本粒子的奇异数。可以证明同位旋对称有下述含义：在强相互作用过程中，粒子奇异数的总和保持不变。这一规律被称为奇异数守恒定律，它已成为奇异粒子研究中最有成效的一个概念。以如下过程为例：

$$\pi^- + p \to \pi^0 + \Lambda$$

按照表 4，在过程进行之前，粒子奇异数的总和为 0，而在过程进行之后，粒子奇异数的总和为 -1。按照奇异数守恒定律，这一过程不是强相互作用过程。这个结论与实验结果相符。在过程

表 4

粒 子	电荷[1]	质 量[2]（单位：兆电子伏）	自旋[3]	奇异数	平均寿命（单位：秒）	普通衰变产物	反粒子[5]
重子							
Ξ^- （Ξ 负）	$-e$	1319	1/2	-2	2×10^{-10}	$\pi^-+\Lambda$	Ξ^+ （反Ξ 正）
Ξ^0 （Ξ 零）	0	~1311	1/2	-2	$\sim2\times10^{-10}$	$\pi^0+\Lambda$	$\bar{\Xi}^0$ （反Ξ 零）
Σ^- （Σ 负）	$-e$	1196	1/2	-1	1.6×10^{-10}	π^-+n	$\bar{\Sigma}^-$ （反Σ 正）
Σ^0 （Σ 零）	0	1192	1/2	-1	$\approx10^{-20}$	$\gamma+\Lambda$	$\bar{\Sigma}^0$ （反Σ 零）
Σ^+ （Σ 正）	$+e$	1190	1/2	-1	0.8×10^{-10}	$\begin{cases}\pi^++n\\ \text{或}\pi^0+p\end{cases}$	$\bar{\Sigma}^-$ （反Σ 负）
Λ （Λ）	0	1115	1/2	-1	2.5×10^{-10}	$\begin{cases}\pi^-+p\\ \text{或}\pi^0+n\end{cases}$	$\bar{\Lambda}$ （反Λ）
n （中子）	0	940	1/2	0	1.0×10^3	$e^-+\bar{\nu}+p$	$\bar{n}$ （反中子）
p （质子）	$+e$	938	1/2	0	稳定	—	$\bar{p}$ （反质子）
玻色子							
K^0 （K 零）	0	498	0	+1	（见脚注4）	（见脚注4）	$\bar{K}^0$ （反-K 零）
K^+ （K 正）	$+e$	494	0	+1	1.2×10^{-8}	$\begin{cases}\mu^++\nu\\ \pi^++\pi^0\\ \text{或其他}\end{cases}$	K^- （K 负）

（续）

粒　子	电荷[1]	质　量[2]（单位：兆电子伏）	自旋[3]	奇异数	平均寿命（单位：秒）	普通衰变产物	反粒子[5]
π^+ （π 正）	$+e$	140	0	0	2.6×10^{-8}	$\mu^+ + \nu$	π^- （π 负）
π^0 （π 零）	0	135	0	0	$<10^{-15}$	$\gamma + \gamma$	自己
γ （光子）	0	0	1	0	稳定	—	自己
轻子 μ^- （μ 负）	$-e$	106	1/2	未定义	2.26×10^{-6}	$e^- + \nu + \bar{\nu}$	μ^+ （μ 正）
e^- （电子）	$-e$	0.511	1/2	未定义	稳定	—	e^+ （正电子）
ν （中微子）	0	0	1/2	未定义	稳定	—	$\bar{\nu}$ （反中微子）

1. $e\approx1.6\times10^{-19}$ 库仑。
2. 1 兆电子伏 $\approx1.6\times10^{-6}$ 尔格 $=1.6\times10^{-13}$ 焦。
3. 自旋＝以 $\hbar$ 为单位的角动量，$\hbar\approx1.05\times10^{-27}$ 尔格每秒 $=1.05\times10^{-34}$ 焦每秒。
4. K^0 和 $\bar{K}^0$ 有同样的衰变产物，如 $\pi^+ + \pi^-$、$\pi^0 + \pi^0$、$\pi^+ + \mu^- + \bar{\nu}$ 等，它们都有两种平均寿命：1×10^{-10} 秒和 6×10^{-8} 秒。表中其他粒子都只有一种平均寿命。
5. 粒子和反粒子具有相同的质量、自旋和寿命。它们的电荷大小相等，正负号相反，奇异数大小相等，正负号相反，反粒子的衰变产物是粒子衰变产物的反粒子，如 $\Xi^- \rightarrow \pi^- + \Lambda$，和脚注 4 类似。

$$\pi^- + p \rightarrow K^0 + \Lambda$$

中, 奇异数守恒。有关这个过程的图, 我们已在图 31 中看到过。按照奇异数守恒定律, 这是一个强相互作用过程, 这又与实验结果相符。

我们将讨论的第 4 个问题涉及对称原理, 上面已经讨论过的同位旋对称是其中的一个特例。"对称"是人们日常惯用的一个词。1951 年, 外尔 (H. Weyl) 在他的凡纽兴讲座中出色地解释了对称这个主题在艺术、自然界和数学中的意义。下面两张图取自一本名为《对称》(Symmetry) 的书, 可以分别作为人为对称和天然对称的两个例子。这本书是根据外尔的讲稿编写的。图 32 所示为中国窗格结构图案的一个对称例子。图 33 所示为从生物有机体中取得的对称例子。

物理学中的对称概念直接源自我们的日常观念。在动力学问题中, 按照对称来考虑, 我们可以得到重要的结论。比如在氢原子中, 电子的圆形轨道是原子核作用在电子上的库仑力对称的结果和证据。这个例子中的对称, 意味着力的大小在所有方向上都是一样的。虽然像这样的对称原理在经典物理学中曾经起过一定的作用, 但是在量子力学中, 这一作用无论从深度还是广度来讲都得到了大大的提升。比如, 我们现在假定椭圆轨道和圆形轨道一样, 也在对称中有其地位。实际上, 对于对称原理在量子力学

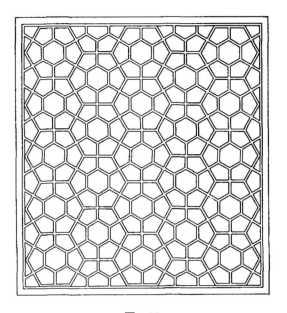

图　32

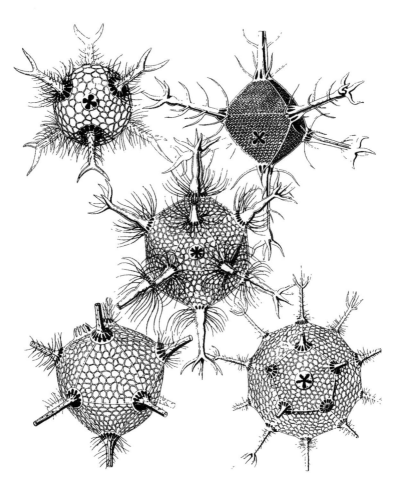

图　33

中的重要性，再怎么强调也不为过。举两个例子：周期表的一般结构，实质上是上述对称——库仑力的各向同性——的直接而出色的结果；反粒子的存在，正如我们所讨论的那样，已经被狄拉克的理论预测，它是建立在相对性对称原理上的。在这两个例子中，大自然似乎巧妙地利用了对称定律的简单数学表示。数学推理内在的优美和出色的完善以及由此而来的物理学结论的复杂性和深度，是鼓舞物理学家的充沛源泉。人们期望大自然具有规律性。

自古以来，人们就在讨论对称原理之一——左和右之间的对称。哲学家曾长久地辩论过，自然界中是否呈现这种对称性。在日常生活中，左和右当然是完全不同的。在生物现象中，从 1848 年巴斯德（L. Pasteur）的研究工作开始，人们就已经知道有机化合物常常只以两种形式之一出现。而在无机反应过程中，这两种形式都出现，且互成镜像。事实上，巴斯德曾经考虑过这种观点：只产生两种形式之一的能力，是生命所特有的权利 [①]。

然而，物理定律一直呈现出左右之间的完全对称。这种对称在量子力学中可以被表述为一种守恒定律，称为宇称守恒定律，它和左右对称原理完全相同。宇称的概念最早是由维格纳（E. P. Wigner）提出的，它在原子光谱分析中很快就变得非常有用。这个概念后来又进一步被用于分析核物理、介子物理和奇异

---

① F. M. Jaeger. *The Principle of Symmetry*. Amsterdam: Elsevier, 1920.

粒子物理的现象。也就是这样，我们逐渐熟悉了原子核宇称和原子宇称的概念，而且对介子宇称进行了讨论和测量。在发展过程中，宇称概念和宇称守恒定律被证明是非常有成效的。这些成功反过来又被视为对物理定律中存在左右对称的支持。

在 1954 ~ 1956 年，一个被称为 θ-τ 之谜的难题出现了。今天我们知道，θ 介子和 τ 介子是同一种粒子，而且通常被称为 K 介子。然而在那几年中，人们仅仅知道有一种粒子衰变为两个 π 介子，另一种粒子衰变为 3 个 π 介子。它们分别被称为 θ 介子和 τ 介子，其中，τ 介子是鲍威尔在 1949 年所提出的名称。随着时间的推移，测量越来越精确，而精确度的提升越来越清楚地揭示出了一个难题。一方面，θ 介子和 τ 介子明显具有相同的质量，而且它们在其他方面所表现出的性质也完全相同。因此看来，θ 介子和 τ 介子似乎真正是以不同的方式衰变的同一种粒子。另一方面，越来越精确的实验也显示出 θ 介子和 τ 介子的宇称不相同，因此它们不可能是同一种粒子。

借助于对左右对称概念的改变，这一难题终于获得了解决。1956 年夏天，李政道和我在检查了当时已存在的关于这个概念的实验基础以后，得到了下述结论：和一般所确信的相反，在弱相互作用中实际上并不存在任何左右对称的实验证据。如果左右对称在弱相互作用中并不成立，则宇称的概念就不能应用在 θ 介子

和 τ 介子的衰变机制中。因此，θ 介子和 τ 介子可以是同一种粒子，如同我们现在已经知道的那样。

作为解决 θ–τ 之谜的一个可能的方法，我们建议应当用实验来测验在弱相互作用中左右对称原理是否会被违背。测验的原理极其简单，只需要建立起两套互成镜像的实验装置。它们必须包括弱相互作用，而且必须互不相同[①]。然后，检查这两套装置是否总是产生相同的结果。如果它们不总是产生相同的结果，那么我们就在这个实验中得到了违背左右对称原理的确切证据。图 34 简单地描绘了由吴健雄、安布勒（E. Ambler）、海沃德（R. W. Hayward）、霍普斯（D. D. Hoppes）和赫德森（R. P. Hudson）在 1956 年进行的第一个这样的实验。钴（Co）原子核因弱相互作用而衰变，然后实验人员对衰变产物加以计数。这里必须注意的是，线圈中的电流是实验中的必要因素。如果没有电流，则镜子两边的两套装置将是相同的，因而将永远产生同样的结果。为了使钴原子核受到电流的影响，必须消除由于热运动而产生的对钴的扰动。因此实验必须在低于 0.01 开尔文的极低温度下进行。如何将 β 衰变测量和低温装置结合起来是实验中的一个主要困难。图 35 所示为实际上所使用的仪器，钴试样被装在前面的管子中，后面的大磁铁是冷却仪器的一部分。

[①] 如果这两套装置相同，那么它们将总是产生同样的结果，而实验就不能用来测验左右对称。

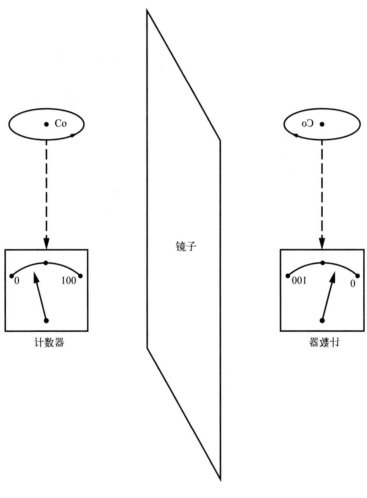

图 34

图 35

实验结果显示，两个计数器上的读数之间存在非常大的差异。既然仪器其他部分的性质都是左右对称的，那么不对称只能源于钴的衰变过程，它是由弱相互作用所引起的。

外尔在前文提到的讲座中讲过[1]，在艺术中"不对称很少，仅仅是由于对称的不存在"。这句话在物理学中似乎也是正确的。随着左右不对称的发现，出现了关于基本粒子及其相互作用的左右对称－不对称的两个新的方面。第 1 个方面是关于**中微子结构**的。有趣的是，这一概念是外尔在 1929 年提出的一个概念的重现。这个概念由于没有保持左右对称而在当时被摒弃了。既然中微子只参与弱相互作用，那么在弱相互作用中左右对称被推翻，也就意味着推翻了摒弃外尔所提概念的理由，而使之重现。人们在 1957 年对中微子进行的许多次实验，证实了对这个概念的一些推测。必须着重指出的是，外尔的假设建立在优美和朴素的数学基础上。大自然又一次在这个例子中（正如在其他例子中一样）显示出它对数学推理之美的偏爱，很难认为这仅仅是一种巧合。

第 2 个方面所涉及的问题是：由于有了这种新的进展，左右对称是否真的不存在了？这里最有趣的一点是，如果我们改变对镜面反射的定义，就可以恢复镜面反射对称。为了解释这一点，我们分别用 L 和 R 来标记图 34 中左边和右边的计数器的读数，

---

[1] H. Weyl. *Symmetry*. Princeton University Press, 1952.

同时分别用 $\bar{L}$ 和 $\bar{R}$ 来标记用反物质构成的相同装置的读数。在吴健雄、安布勒、海沃德、霍普斯和赫德森进行实验以前，在左右对称的基础上，我们相信：

$$L = R\ \text{且}\ \bar{L} = \bar{R}$$

在物质－反物质对称的基础上，我们也相信：

$$L = \bar{L}\ \text{且}\ R = \bar{R}$$

因而我们相信：

$$L = R = \bar{L} = \bar{R}$$

他们的实验通过明确指出 $L \neq R$ 这一点来说明这个看法的错误。他们得到的定量结果和后来人们在许多实验室中所进行的许多实验证明：

$$L = \bar{R} \neq \bar{L} = R$$

因此，对称显然比我们以前所认为的要少，但是依旧有一些对称存留在下列关系中：

$$L = \bar{R}$$
$$\bar{L} = R$$

这两者可以用一个原理加以概括：如果我们完成一次镜面反射，

并且将所有的物质转换为反物质，那么物理定律保持不变。这种保持物理定律不变的联合转换，因而可以被**定义**为真正的镜面反射过程。按照这个定义，镜面反射对称又可以成立。

镜面反射的这个新定义可以用图 36 来表示，其中，反物质用黑底白线表示。在这张图中，左边的计数器的读数是 L，右边的计数器的读数是 $\bar{R}$。实验表明，这两个读数是相同的。

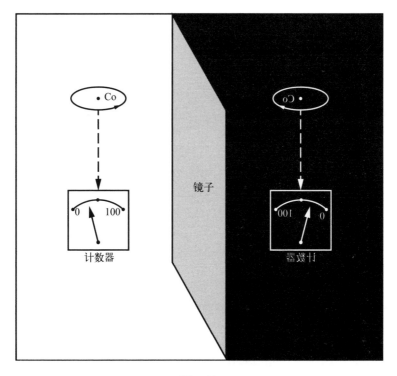

图 36

当然，为什么为了求得对称，就必须将物质和反物质的转换与镜面反射**联合**起来，仍旧是一个问题。这样一个问题只有在我们对物质和反物质之间的关系有了更深入的了解以后才能够得到解答。今天我们对此的了解还不够。不过回顾一个大致类似的问题及其最后的解决方法是既有趣又有用的。下面引用外尔所著的《对称》一书中的话：

> 马赫（E. Mach）告诉我们，当他在幼年时代了解到，悬挂的磁针如果和一根向一定方向通电的电线平行，就会按一定方向（向左或向右）偏转时，他受到了震撼。既然整个几何和物理的排列，包括电流和磁针的南北极在内，对通过电线和磁针的平面 E 来讲，从各种表现来看都是对称的，那么磁针就必须像处在许多捆数相同的草束中的布里丹的驴子①一样，拒绝在左和右之间作出决定……（见图 37。）

---

① 布里丹的驴子：传说为 14 世纪法国哲学家布里丹（J. Buridan）所讲的一个寓言。有一只不幸的驴子，处在两捆相同的草束中间，由于感到没有能力决定选择哪一捆，最终饿死在草束中。——译者注

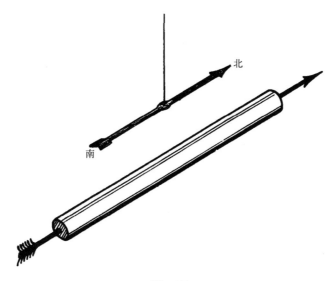

图　37

马赫的困难就在于图 37 所示的装置相对于包含电线和磁针的平面 E 来讲显然满足反射对称。但是对**磁学有了更深入的了解**后，我们知道，这种对称只是表面的。磁铁之所以作为磁铁，是因为它包含沿图 38 所示的方向做圆周运动的电子。如图所示，在反射情况下，磁铁的极性有了改变，因此对平面 E 来讲的反射对称并不是真的对称。也就是这样，马赫的困难才得到了解决。

有意思的是，由缔合转换所引起的对称，在装饰艺术中很常见。图 39 即取自荷兰艺术家埃舍尔的一件出色作品。从图中可以看到，虽然图画本身和它的镜像并不相同，但是如果我们将镜像的一深一浅两种颜色互换一下，那么两者又完全相同了。

我们在上述这些讨论中，基本上按照基本粒子物理学的历史发展，简短地回顾了 20 世纪前 60 年的物理学进展。我们并不试图使这些讨论足够全面，特别是很多富有革命性的重要发现甚至还没有提到。对于那些提及的问题，我们也只能涉及概念形成的最初阶段，而不是它们的最终成果。在所有这些讨论中，我们将重点放在了每一个阶段中的人的经验上。这些经验证明，不同的观点可以通过实验事实和理论概念之间紧密的相互作用而向前发展。仅仅为了说明问题，我们在讨论中所应用的论点和推理在本质上都是定性的，但是这一点不应当引起这样的误解，即物理学

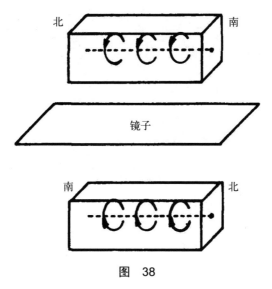

图 38

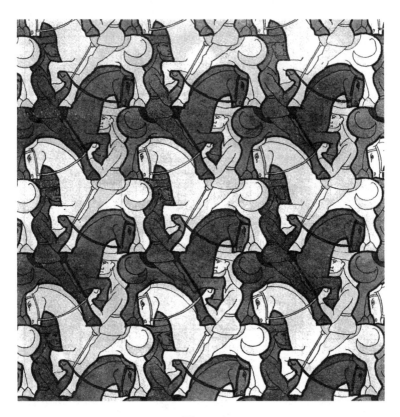

图　39

家在没有详细和定量的物理学公式的情况下便接受了新粒子和新概念。物理学是一门精确的学科，物理学家对待他们所研究的问题是非常认真的。

但是我们做研究的最终目的究竟是什么呢？物理学家的目光究竟放在哪里呢？在这些问题上，爱因斯坦的知识和权威性无人能及。他讲道，这门学科的目的是要建立起一些概念，在这些概念的基础上能够形成一个广泛、可行的理论物理学体系。这个体系必须尽可能简单，但是又必须能够推导出与实际经验相符的结论。他写道[1]：

> 理论物理学的完整体系由概念、被认为适用于这些概念的基本定律和经过逻辑推理获得的结论构成。这些结论必须与我们的个体经验相符……
>
> 这一体系的结构属于推理的产物；经验内容及其相互之间的关系必须在理论的结论中表现出来。正因为那种关系可以被表现，所以整个体系，尤其是构成它的概念和基本定律，其独有的价值和正当性得以存在。

---

[1] A. Einstein. *Essays in Science*. Philosophical Library, 1934: 14-15.

这些不能通过逻辑推理进一步简化的基本概念和假设组成了理论的基本部分，它们是推理难以触及的。一切理论的崇高目标都在于使这些不可再分的要素尽可能简单且数量尽可能少，而无须放弃任何经验内容的充分表现。

关于这个崇高目标能否实现的问题，他的结论是：

……我们能否希望找到一条正确的道路？这条正确的道路除了存在于我们的幻想中，是否还能存在于别处呢？我们能否希望由经验来指引我们走上这条正确的道路，如果确有那些在很大程度上能满足经验，但又无须追溯事物根源的理论（例如经典力学）存在？我可以毫不犹豫地回答说，在我看来，确实有这样一条正确的道路，而且我们有能力去找到它。迄今为止，经验让我们有理由相信，大自然体现了我们所能想象的最简单的数学观念。我坚信，我们能够通过纯粹的数学推论方法来发现概念和那些把它们彼此结合在一起的基本定律。这些概念和基本定律是我们理解自然现象的关键。

爱因斯坦所表达的如此动人的信念，至今仍然鼓舞和支持着许多物理学家。

附　录

　　著者对下列出版者和作者表示感谢，他们慷慨地允许本书采用他们的出版物或珍藏中的附图。

图 1　J. J. Thomson. *Recollections and Reflections*. MacMillan, New York, 1937: 325. 得到剑桥大学三一学院的同意而复制。

图 2　已故开尔文勋爵供给伦敦科学博物馆的原始照片。

图 3　J. J. Thomson. *Philosophical Magazine*, Vol. 44, 1897: 296.

图 4、图 26、图 28、图 29　J. J. Thomson. *Elektrizität und Materie*. Braunschweig, 1904. 选自图 17、图 18 和第 73 页的表。

图 6　M. Born. *Restless Universe*. Dover, New York, 1951: Fig. 77.

图 7　J. Chadwick. *Proceedings of Royal Society*. London, Vol. A136, 1932: 695.

图 8　伦敦科学博物馆。得到剑桥大学卡文迪什实验室的同意而复制。

图 9　C. T. R. Wilson. *Proceedings of Royal Society*. London, Vol. A87, 1912: 278.

图 10　C. D. Anderson. *Physical Review*, Vol. 43, 1933: 492.

图 12　A. M. Thorndike. *Mesons, A Summary of Experimental Facts*. McGraw-Hill, New York, 1952: Fig. 5.

图 13　C. F. Powell, G. P. S. Occhialini. *Nuclear Physics in Photographs*. Clarendon Press, Oxford, 1947: Pls. XLIX, L.

图 14　C. F. Powell. *Report on Progress in Physics*, Vol 13, 1950: 384.

图 16　A. M. Thorndike. *Mesons, A Summary of Experimental Facts.* McGraw-Hill, New York, 1952: Fig. 13. 它是 G. D. Rochester 和 C. C. Butler 在 *Nature* 杂志第 160 卷第 855 页 (1947) 文中原始照片的简图。

图 17　R. Brown, U. Camerini, P. H. Fowler, H. Muirhead, C. F. Powell, D. M. Ritson. *Nature*, Vol. 163, 1949: 82.

图 19　L. W. Alvarez。

图 20、图 21　美国布鲁克海文国家实验室。

图 23　L. W. Alvarez。

图 25　D. A. Glaser。

图 27　J. J. Thomson. *Die Korpuskulartheorie der Materie.* Braunschweig, 1908: Fig. 25.

图 30　D. A. Glaser。

图 31　W. B. Fowler, R. P. Shutt, A. M. Thorndike, W. L. Whittemore. *Physical Review*, Vol. 93, 1954: 863.

图 32　H. Weyl. *Symmetry*. Princeton University Press, 1952: Fig. 67.

图 33　H. Weyl. *Symmetry*. Princeton University Press, 1952: Fig. 45. 本图原始来源是 E. Haeckel. Challenger monograph, *Report on the Scientific Results of the Voyage of H. M. S. Challenger*, Vol. XVIII, Pl 117 H. M. S. O., 1887。

图 35　吴健雄、E. Ambler、R. W. Hayward、D. D. Hoppes 和 R. P. Hudson。

图 37　H. Weyl. *Symmetry*. Princeton University Press, 1952: Fig. 14.

图 39　P. Terpstra. *Introduction to the Space Groups*. Wolters, Groningen, 1955. 原图由 M. C. Escher 创作。